刘长贵　著

手绘图

——勾线水彩表现技法

化学工业出版社

·北京·

全书分三章，第1章对勾线水彩表现基本技法及步骤进行了简单描述，第2章是规划设计前的效果图与项目建成之后的实景照片，第3章是部分规划设计效果图。

书中文字简明扼要，经验总结到位，通过效果图与实景图对比，更能传达设计思想。本书是作者数十年工作的总结，可参考性很强。

该书可供建筑学、城乡规划学与风景园林学专业师生以及设计单位技术人员，政府城乡建设部门工作人员参考。

图书在版编目（CIP）数据

手绘图——勾线水彩表现技法 / 刘长贵著.—北京：
化学工业出版社，2012.8
ISBN 978-7-122-14789-9

Ⅰ.手… Ⅱ.刘… Ⅲ.建筑画-水彩画-绘画技法
Ⅳ.TU204

中国版本图书馆CIP数据核字(2012)第152502号

责任编辑：袁海燕　　　　　　　装帧设计：刘丽华
责任校对：边　涛

出版发行：化学工业出版社（北京市东城区青年湖南街13号　邮政编码100011）
印　　装：北京方嘉彩色印刷有限公司
889mm×1194mm　1/24　印张3½　字数100千字　2012年11月北京第1版第1次印刷

购书咨询：010-64518888（传真：010-64519686）　　售后服务：010-64518899
网　　址：http://www.cip.com.cn
凡购买本书，如有缺损质量问题，本社销售中心负责调换。

定　　价：28.00元

前言

Foreword

　　水彩画是传统的画种，曾广泛运用于建筑画的表现。随着计算机辅助设计在建筑行业的运用。水彩手绘逐渐减少。计算机绘制效果图虽然表达充分，接近写真，但缺少艺术性。构思阶段就用机绘效果图，投入成本高，费时费力。由于计算机绘制效果图一般由他人完成，制作过程不易起到激发灵感的作用，所以建筑师和景观设计师的手绘必不可少，通过手绘过程能挖掘创意，激发灵感，表达理念，实现方案创新。

　　手绘是建筑师基本功底，是建筑师表达设计构思的一种手段。通过手绘图作多方案比较可大大节省效果图制作成本。由于水彩具有透明、清澈、明快、润泽、色彩丰富，有利于表现空间深远感和色彩的退晕，富有韵味，调色方便，价格便宜等特点，在我的手绘图中一直在使用。

著者

2012年5月

目录

Contents

第 **1** 章

勾线水彩表现基本技法及步骤

1.1 水彩手绘简介

● 水彩表现手绘图，其水彩表现力强，更能充分表现空间感、层次感、虚实感，使表现图充满意境。水彩有利于表现色彩的退晕和色彩的明暗效果，这是同一颜色在光线作用下的自然现象，在此方面水彩优于马克笔。水彩表现建筑构思，可以表现得比较逼真，细腻，又可表现得概括。马克笔虽然具有快捷、简洁、携带方便的特点，但马克笔受色彩的限制，马克笔颜色只有百余种，通过覆盖处理，产生的色相有限，而自然界颜色千变万化，尤其是复色变化复杂。国标常用色有700种，编号在册的建筑色卡就有三千多种，水彩的调合基本能满足要求。通过水彩调合训练容易掌握调色规律，增加色感。通过手绘不断实践，又可提高艺术修养。

● 水彩表现手绘图是在钢笔，中性笔勾线基础上着色，主要形体由勾线确定，水彩表现明暗关系和色相，并表现环境。色彩的用法可以是勾线淡彩，也可是勾线重彩。勾线淡彩，除天空外可以是平涂色，暗处略灰暗，大面积的面也可用退晕，树木等暗处适当增加勾线线条，属透明画法。勾线重彩，表现明暗影退晕变化规律。天空、水面、建筑明处用透明画法，暗处用不透明画法。手绘图的画稿是简化了的"钢笔画"，与钢笔画的单线画法最接近（白描），勾线稿多了落影边线。勾线稿为了方便，已不用钢笔，而用粗细不同的黑色中性笔来完成，表现立体感的方法也不一样。钢笔画用线条的组织表达明暗、立体感、材料质感、虚实感、空间层次、光影退晕等，明处线条少，暗面线条多，落影处是线多或粗，远处简，淡化明暗关系。近处刻画仔细，落影边缘线（点）密。水彩表现的手绘图，立体感、空间感、退晕等用水彩表现，比钢笔画表现得更充分。为了区别钢笔画，本文把减化了的"钢笔画"称勾线图。

● 手绘图为方案服务，勾线图是否有创意是关键，设计者除了思路要敏捷，灵感要强以外，还要了解建筑内涵：功能、层高要求，结构形式、建筑材料、建筑构造等；要有空间概念：考虑造型与功能的结合，造型与新材料运用的结合；要有可实施性：注意体块的穿插变化，虚实对比变化，风格的运用；并赋予时代感，同时要注意视点的高低，构图的均衡。要注意环境的处理。勾线图要重视第一感觉又要反复推敲，多次修改。

● 水彩表现手绘图要解决用纸和用水的矛盾，手绘图的稿纸希望具半透明性，便于稿件修改，同时上水色又不皱。普通水彩画用厚质水彩纸，解决纸遇水后不皱的问题。但水彩纸凹凸多，不利勾线，几乎无透明性，修改勾线困难，用半透明稿纸有透明性，易于修改勾线，但遇水起皱，影响上色效果。笔者通过多年实践解决这个矛盾，除草图可用卡纸制图上色外，笔者用普通复印纸画勾线，在下方有投射光的玻璃台面修改勾线，使复印纸具半透明化。但复印纸的遇水发皱的问题还存在，为了解决这个问题，对复印纸采用双层裱法，即先把绘图纸裱在图板上，待绘图纸干后，把最终的复印纸复印件裱在裱好的绘图纸上。画稿在裱前要复印一道，最终勾线画稿如不复印，勾线遇水会有化开现象，影响效果。复印件是碳粉，不会有化开现象。复印稿线条微微凸出纸面，有利于上色时靠线，质量好的中性笔，不产生化开墨水现象，如未加涂改液修改，或剪贴修改或制稿，可不用复印稿。

总之，勾线水彩表现效果图既有线条的清晰特点，又有色彩，发挥水彩轻快、透明特点，空间层次表现较充分又简练。

以上是笔者多年探索的总结，主要用于建筑方案、规划方案、景观方案的创作，仅作参考，有些体会难免有不妥之处，恳请读者指正。希望读者不要拘泥于此，要不拘一格，力求创新，探索适合自己的路子。

1.2 基本技法

1.2.1 透视规律和透视分类

（1）透视基本规律
勾线图要符合透视规律，透视基本规律如下：
① 近大远小；
② 平行线消失在视平线上；
③ 视平线上的物体越近越高，视平线下的物体越近越低，越远越高。

（2）透视分类

透视分五种：

① 一点透视，又称中心透视，物体一个面平行画面，只有一个灭点（图1-1）；

② 二点透视，又称成角视，物体与画面成一角度，两面上平行线消失于视平线两侧（图1-2）；

③ 两组及多组二灭定透视，两个或多个长方体斜交或两组或多组长方体不平行布置（图1-3～图1-6）；

④ 三点透视，物体倾斜于画面，向上或向下有灭点（图1-7）；

⑤ 两组及多组三灭定透视，两个或多个长方体斜交或两组或多组长方体不平行布置。物体倾斜于画面，向上或向下有灭点（图1-8）。

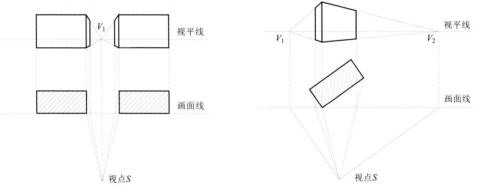

◆ 图1-1 一点透视

（当物体平行画面时，只有一个灭点）

◆ 图1-2 二点透视

（当物体不平行画面时，两组平行线有一个灭点）

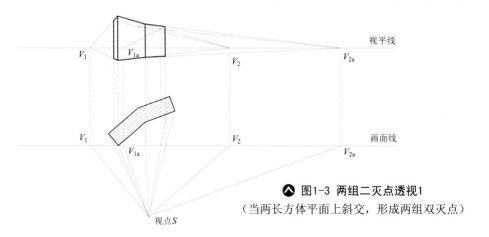

◆ 图1-3 两组二灭点透视1

（当两长方体平面上斜交，形成两组双灭点）

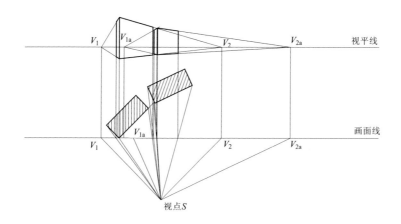

◆ 图1-4 两组二灭点透视2

（当两长方体平面上不平行布置，形成两组双灭点）

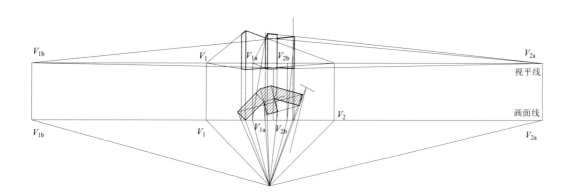

◆ 图1-5 多组二灭点透视1

［当多个长方体平面上斜交布置，形成多组双灭点（以三组为例）］

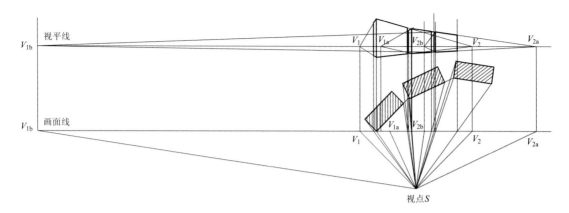

图1-6 多组二灭点透视2

［当多个长方体平面上不平行布置，形成多组双灭点（以三组为例）］

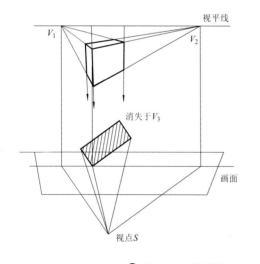

图1-7 三点透视

（当物体不平行画面时，两组平行线有一个灭点）

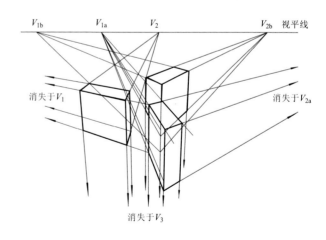

图1-8 多组三灭点透视

［当物体不平行画面时，多组平行线各
有一个灭点（以三组为例）］

1.2.2 勾线图绘制

（1）工具及材料

黑色细中性笔，黑色中粗中性笔，铅笔，橡皮，三角板，曲线板，复印纸，透光台面（可用带玻璃的茶几或玻璃台面的餐桌），涂改液。

（2）勾线图绘制

用中性笔概括地勾画形体，对表现对象要提炼，用简练的线条表现形体，是一种简化了的钢笔画，勾线图要符合透视规律。采用中心透视，两灭点透视，三灭点透视。轮廓，比例，透视要准确，构图要均衡。创意要表达充分。

（3）各要素的绘制

● 建筑：先用铅笔画出透视灭点和辅助透视线，用中性笔勾画轮廓线，明暗交界线，特征线，门窗外轮廓和分格线，阳台轮廓线，栏杆线，雨棚面的交界线，壁柱线，踏步、花台等面交界线，装饰线和色带边线，落影边线等。用线方式根据建筑特征用直线，弧线，曲线等。

● 树木：勾画外轮廓线，特征线。树冠用线方式有：乱麻线，概括的叶形线，短直线，变化的曲折线等。暗处线的密度可略大，要根据植物特征分别使用，如针叶树用针形线，小叶阔叶树用乱麻线，大叶阔叶树用叶形线等；树枝、树干根据树特征用笔，自由形线和短直、短曲线；手绘图的图形有规律，又不是拷贝，这是区别于计算机绘图的特征。

● 山石：勾画外轮廓线，明暗交界线，重要节理线等；根据不同石材，分别用直线，弧线等。

●道路和铺装：勾画道路边线，分格线，铺装特征简化线等。

●汽车及人物配景：勾画外轮廓线，特征线；注意所在位置的尺度。

●人工雕塑：勾画外轮廓线，特征线，暗处加点。

●配景：山，外轮廓线，明暗交界线，特征线等。

　　　　天空，水面，可不勾线；

　　　　人造水景的瀑布、喷泉：可画简洁的水流线，跌落处画波纹线。

●围墙：勾绘轮廓线，材质分格线，特征线。

● 近山：轮廓线，特征线。

除草图外，绘制建筑要用直尺和曲线板靠线。

总之，勾线图的用笔要因物而异，富有变化。线形为表达质感服务。线服务于对象的形。为了表现严谨，可把出头线用涂改液覆盖，然而再复印。在景观设计图中可把植物名称用计算机打出来，剪贴到图上，加引线，再通过复印完成勾线图。

（4）勾线图绘制步骤

① 根据平面功能和构思绘制构思草图,通过草图绘制深化理念。

② 根据视角确定灭点，绘制透视线。

③ 绘制主体外轮廓线。

④ 绘制细部。

⑤ 绘制阴影。

⑥ 画配景：树木、车、人、路及其他环境。

⑦ 图面修改，用涂改液覆盖出头线和多余线。

⑧ 复印，通过复印可调整图幅的大小。

（5）勾线图实例

勾线人物（图1-9）；勾线汽车（图1-10）；勾线绿化植物（图1-11）；勾线建筑（图1-12）

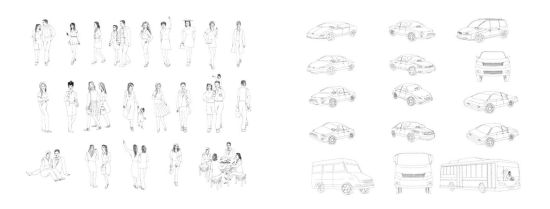

◤ 图1-9 人物勾线图　　　　　　　　◤ 图1-10 汽车勾线图

刺葵　蒲葵　大丝葵　银杏

水杉　黄葛树　刺桐　桧柏

雪松　龙柏　垂柳　苏铁　香樟　大叶香樟

慈竹　芭蕉　球形灌木　绿篱

⤴ 图1-11　绿化植物勾线图　　　　　⤴ 图1-12　建筑勾线图

1.2.3　图纸的双层裱法

（1）工具和材料

图板，排刷或排笔，120克绘图纸，复印纸勾画图稿，糨糊，三角板，刀片，盛水器具；干净的废报纸或其他大于A3的干净废纸。

（2）双层裱法

① 裱底纸

底纸用白色120克绘图纸，裁好大小，纸边折起15毫米的边，平放在图板上，纸上放适量清水。用排刷刷匀，不可遗漏，然后四面纸边背面涂糨糊，吸掉纸面多余的水，把纸边按下，用尺刮去多余的糨糊，微微向四边用力拉纸边，至均匀展平为止。要避免水弄潮纸边，注意要让纸边先干，如纸边过于潮湿，在纸面上再刷一次清水。

② 裱勾线图

底纸干后在准备好的画线图的背面满刷稀糨糊（经不锈钢网勺过滤）。不可遗漏，然后一人拿住两纸角，另一人将纸的另两角对准位置按下，垫上干净的纸从按下端赶向另一端，直至赶到头，再垫干净的普通纸用手压一遍，晾干即可上色。为了加快裱纸进度，可借助于电吹风，先吹干纸边，再均匀吹干纸面（图1-13）。

有大图板可在一张大底纸上裱数张勾线图，交叉同时上色，大大加快进度。

(a)裱底纸

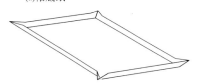

1.将底纸四边折起15mm左右的边
纸边不能折得太狼，以免断裂

2.纸上用排笔刷水，要全部刷到（除折起的纸边），纸边背面涂糨糊
糨糊不能太稀，涂糨糊要均匀

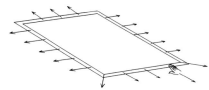

3.用手按向外微微用力拉
用力要适当而均匀，用力太小拉不到位，用力太大，
纸边会断裂
如出现纸边断裂，再补贴一小块绘图纸
5.要做到纸边先干，纸面后干，如纸面干得太快，要
在纸面上再刷一次清水

4.用三角板刮去多余的糨糊

(b)裱稿纸

1.底纸干后，将背面涂好糨糊的勾线图由一人抓住纸
的两角，提起，另一人将纸的另两角按在底纸上
注：糨糊要稀而均匀，经不锈钢网勾过滤，糨糊要满
涂，不可有遗漏

2.加一张干净的纸用手左右施压，
边放边压，边向纸上侧扩展，赶
去稿纸下的孔气，提纸人逐渐放
下直至纸全部放在底纸上

3.再从下至上用手压一遍

▲ 图1-13 双层裱图法

1.2.4 用水彩色给勾线图上色

（1）工具及材料

24色水彩色，大中小水彩笔，中号水粉笔，盛水工具，调色盒。

（2）上色方法

分为平涂画法、湿画法、干画法、退晕画法。干画法又分干接和湿接。

平涂用于小面积的画面，如墙面、窗户、屋面等；湿画法适合表现有云的天空、云雾、远山等，最具韵味。在纸上先部分铺上薄水，在纸湿时，除留白处外，涂上颜色；干接法用于建筑、铺地等明暗影的分层叠加，明面、暗面、落影上第一遍色，再对暗面、落影上第二遍色，最后对落影填三遍色。湿接法适宜用于树木、近山等，不等第一遍色干接上第二种色，趁二种色未干，上第三种色，三种色属一系列，有冷暖，深浅变化。退晕画法在上色时不停地加入调和色，使色相、深浅、冷暖发生调和的变化，适合表现大面积的明暗面如晴天天空及深远的道路广场等。各种主要的上色方法分述如下。

① 大面积平涂渲染

图板支起3~5度斜角，从高处画起。

用笔：边缘靠线用笔，中部成行螺旋形用笔，行宽15毫米左右，每行重叠1/3~1/2行宽（图1-14）。

② 小面积平涂渲染

用笔：边缘靠线用笔，中部由上向下用笔，长度1~2厘米，每行重叠1/3~1/2行宽；直到该平涂画面下端，用笔尖点状吸去多余水分，晾干（图1-15）。

③ 湿画法（表现有云的天空）

在纸上先部分铺上薄水，在纸湿时，除留白处外，涂上颜色（图1-16）。

④ 分格退晕

当平面上圆弧形墙面用块材时，沿圆形的转折玻璃幕墙可用分格退晕，即每格内的颜色为平涂，格与格的颜色有退晕变化（图1-17）。

⑤ 湿接法（重彩表现树木）

先画亮面，趁颜色未干接着画半暗面，再画暗面，让三者涂色边缘溶合（图1-18）。

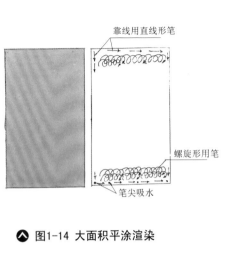

靠线用直线形笔

螺旋形用笔

笔尖吸水

▲ 图1-14 大面积平涂渲染

从上向下用短笔
（下同）

▲ 图1-15 小面积平涂渲染

▲ 图1-16 湿画法

▲ 图1-17 分格退晕

▲ 图1-18 重彩表现树木

⑥ 退晕渲染

准备三个杯子，第一杯子装较淡的颜色；第二杯子装颜色略深，明处略暖，暗处略冷；第三杯子装颜色更深，明处更暖，暗处更冷。

图板支起3~5度斜角，从高处画起；用笔同大面积渲染。

先用第一个杯子里的颜色，一行后，每行从第二杯子加颜色，到颜色接近第二杯子时换第二杯子，画一行后，每行再从第三杯子加色，直到该退晕画面下端，用笔尖点状吸去多余水，晾干（图1-19）。

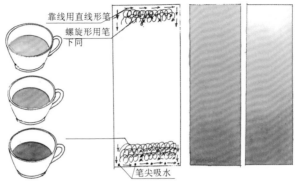

▶ 图1-19 退晕渲染

（3）着色顺序

① 明暗影着色

先统一画明暗影，干后画暗影，再干后画落影。明暗交界处颜色深，影子边缘颜色最深（图1-20）。

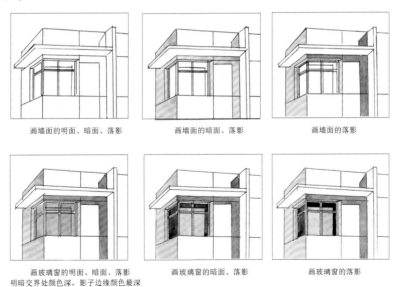

画墙面的明面、暗面、落影	画墙面的暗面、落影	画墙面的落影
画玻璃窗的明面、暗面、落影 明暗交界处颜色深，影子边缘颜色最深	画玻璃窗的暗面、落影	画玻璃窗的落影

▲ 图1-20 明暗影的着色步骤

② 透视图的上色（图1-21）

先浅后深，先画一色系，再画另一色系。一般先天空，再主体，再地面和配景，再水体及倒影；先受光面，后背光面再落影。也要根据个人习惯，不强求，以顺手为原则。画

画天空

画建筑墙面

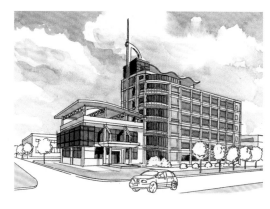

画窗玻璃

画树木、道路

▲ 图1-21 透视图的上色步骤

建筑暗面色应在亮面色干后进行。

建筑墙面：留出装饰线脚，先画亮面，后画暗面，再画色带，最后画墙面上的落影；注意三者的色相，明度变化；先后着色都须等前面色干了再进行。

玻璃窗：玻璃幕墙的表现，透明淡蓝色平涂，可趁湿下部色加重，也可第一遍色干后下部加外界反射色。最后加玻璃上的落影。上第一遍色有的部位可用干的平头笔刷留飞白。

水面上色：宁静水面水平用笔，先画浅色，可部分留白，表示反光，趁一遍色未干，上较深色，与一遍色有的地方有溶合，最厚加倒影和最深处。

③ 鸟瞰图

先画远景，再画主体，再配景，最终画落影。

鸟瞰图远景：用湿画法。先涂上薄薄清水，待水未干插绘上颜色，云可留白，远处山留云雾，未干点出深色的山影，树林；鸟瞰图要注意远近山的色相变化，越远越冷、越远越淡，冷暖变化不能离开该色相系列。环境表现可增加生机活力，烘托气氛，产生韵味。

鸟瞰图屋顶：屋顶是第五立面，屋顶的表现对于鸟瞰图很重要，要注意远近色相，明度变化，阳面，阴面，暗面，落影颜色的处理，有屋顶绿化、水池时按绿地、水面绘画方法处理。

④ 水彩上色要注意的问题

● 要掌握色彩受光后的变化规律和彩色调合规律。受光面，背光面，落影同一种颜色在不同的面上有色相变化，后者比前者冷。要使色变冷，要加少量的补色。

● 水彩上色要注意水分掌握，既要满足溶合要求，满足不同位置和材质的色彩明度要求，又要避免产生水渍。

● 减少覆盖次数，防止颜色变脏；

1.2.5 成果转换成电子文件

图纸上色完成后，裁图前用数码照相机拍成电子文件，交付打印或裁图后用扫描仪扫描成图纸和电子文件。

第**2**章
工程实例图

2.1 标志及小品类

（1）"火井"——遂宁渠河景点之一（图2-1，图2-2）

遂宁天然气蕴藏丰富，有的地方天然气外泄，当地村名取名"火井"。该景点以此立意，中心为火，四周布置雾泉，象征天然气，铺地有"井"字图案（施工中由于表达过于直接"井"字图案取消）。

2004年设计，2005年建成。

▼ 图2-1 "火井"设计图

图2-2 "火井"建成图

（2）"城市之源"——遂宁渠河景点（图2-3，图2-4）

遂宁城镇的形成与水密切相关，城东为涪江，西侧为从涪江上游引来的渠河，是饮用水源。本方案从叠石山丘流下一清泉，形成溪流，象征城市源于水，景墙表示历史画卷，记载历史重要事件和城市发展的重要阶段，景墙上轮状图案象征历史车轮滚滚向前，直射喷泉表示向上的精神。

2004年设计，2005年建成。

▼ 图2-3 "城市之源"设计图

◣ 图2-4 "城市之源"建成图

（3）冕宁小东河景观设计

小东河位于县城与新区之间，无固定河床，经常遭洪水肆虐，污水横流，县政府为了改变现状，开发利用土地，打造小东河步行街景观，长度约600米。

景观设计中，首先考虑固定河床设计，考虑景观效果，采用弯曲有度的平面形式，配以汉白玉拱桥，汉白玉河岸栏杆，双侧人行道铺地，广场铺地，管网设计，绿化及小品设计，形成有特色的步行街。工程2003年开始设计，2010年7月建成。本书列出三个景点方案："玉桥锁龙"、"水车永动"、"坪台亲水"。

a. 玉桥锁龙（图2-5，图2-6）

流畅的小东河上，汉白玉拱桥横跨，锁定这条制造水患的水龙。

▲ 图2-5 "玉桥锁龙"设计图

图2-6 "玉桥锁龙"建成图

b. 水车永动（图2-7，图2-8）

利用湍急的水流推动木制景观水车，不停转动，又使水流减速，减少冲刷。

▼ 图2-7 "水车永动"设计图

图2-8 "水车永动"建成图

c. 坪台亲水（图2-9，图2-10）

木坪台悬挑于水面上，为人们的休闲场所，方亭为对景。

◆ 图2-9 "坪台亲水"设计图

图2-10 "坪台亲水"建成图

2.2 建筑类

（1）遂宁中心汽车站（图2-11，图2-12）

该车站为一级长途汽车站，位于火车站对面，售票、候车、行李部分为钢结构，倒三角管形钢桁架，办公及服务部分为钢筋混凝土结构，造型新颖，布局合理。2002年开始设计，2004年建成，被评为2004年度遂宁市精品工程。

▼ **图2-11 遂宁中心汽车站设计图**（方案一）

▲ 图2-12 "遂宁中心汽车站"建成图

（2）**西昌中心汽车站**（图2-13，图2-14）

　　该车站为一级长途汽车站，位于邛海对面，主体结构形式为钢结构，主屋面为网架结构，以火把节的"火把"为标志，由流畅的曲线与周围的山相呼应。2005年设计方案，2008年建成。

▲ 图2-13 "西昌中心汽车站"设计图（方案一）

图2-14 "西昌中心汽车站"建成图

（3）遂宁涪江三桥桥头堡（图2-15，图2-16）

该设计方案以灯塔立意，钢结构，配有景观灯光，有旋形楼梯可登高望远。2004年设计，2006年建成。

🔺 图2-15 "遂宁涪江三桥桥头堡"设计图（方案一）

▲ 图2-16 "遂宁涪江三桥桥头堡"建成图

（4）绵阳圣水寺服务区（图2-17，图2-18）

以川西民居建筑的形式，钢筋混凝土框架结构，瓦顶。2003年设计，2005年建成。

▲ 图2-17 "绵阳圣水寺服务区"设计图

▲ 图2-18 "绵阳圣水寺服务区"建成图

第3章
方案设计图

御园度假村景观

3.1 入口及标志类

（1）A区入口景点（图3-1）

四川省成都市大邑花水湾景点设计之一；A字形小品建筑。

▼ 图3-1 成都市大邑花水湾景点"A区入口"设计方案

（2）B区入口景点（图3-2）

四川省成都市大邑花水湾景点设计之一；灯柱加水景。

图3-2 成都市大邑花水湾景点"B区入口"设计方案

（3）C区入口景点（图3-3）

四川省成都市大邑花水湾景点设计之一。

图3-3 成都市大邑花水湾景点"C区入口"设计方案

（4）绵阳人民公园入口（图3-4）

对景，双帆加标识。

⌃ 图3-4 "绵阳人民公园入口"设计方案

（5）丈八蛇矛（图3-5）

阆中群众文化中心景点方案（丈八蛇矛为三国名将张飞兵器，张飞曾在阆中当县令多年）。

▲ 图3-5 阆中群众文化中心景点"丈八蛇矛"设计方案

（6）抗震纪念台（图3-6）

大邑观雾乡"5.12"地震灾民安置小区景点。巨石和广场的裂缝，象征"5.12"特大地震的破坏力，巨石上刻有地震发生时间，级别和对当地的破坏，让后人铭记，已建成。

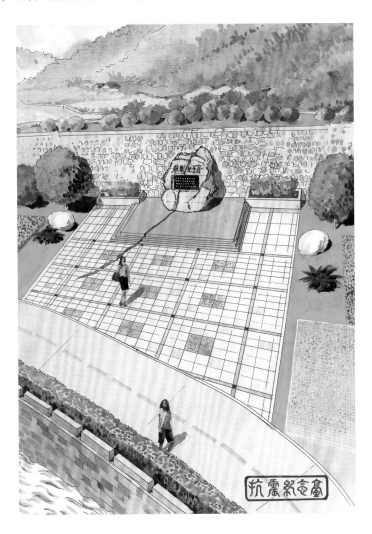

图3-6 大邑观雾乡"5.12"地震灾民安置小区景点"抗震纪念台"设计方案

（7）遂宁涪江三桥桥头堡设计方案二（拱形造型，图3-7）

◢ 图3-7 "遂宁涪江三桥桥头堡"设计方案二

（8）遂宁涪江三桥桥头堡设计方案三（A形造型，图3-8）

⬆ 图3-8 "遂宁涪江三桥桥头堡"设计方案三

（9）遂宁涪江三桥桥头堡设计方案四（A形造型加观赏室，图3-9）

▲ 图3-9 "遂宁涪江三桥桥头堡"设计方案四

（10）绵阳人民公园入口改造方案（图3-10）

▲ 图3-10 "绵阳人民公园入口"改造方案

3.2 景观小品及绿化类

（1）绵阳人民公园桃花岛景观方案（图3-11）

方案采用铜钱形的广场，弧形平面的玻璃廊。

▼ 图3-11 "绵阳人民公园桃花岛"设计方案

桃花岛景观方案二

（2）海子景点（图3-12）

大邑花水湾海子景点方案一（水中有岛，形成多个不同标高的水面和叠瀑）。

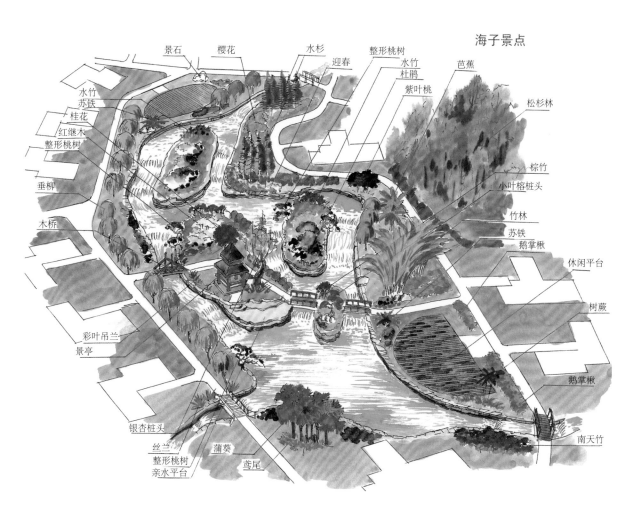

图3-12 "海子景点"设计方案

（3）临水酒吧（图3-13）

四川省成都市大邑花水湾景点方案之一。

临水酒吧景点

竹林

小凤尾竹

芭蕉

红叶李

黄金竹

芦苇

整形梅花

石菖蒲

鸢尾

丝兰

棕竹

天竺桂

紫叶小檗

海桅子

果石榴

南天竹

🔺 图3-13 "临水酒吧"设计方案

（4）涌泉景点（图3-14）

从方亭看涌泉，四川省成都市大邑花水湾景点设计方案之一（人造用泉）。

涌泉景点

图3-14 成都市大邑花水湾景点"涌泉"设计方案

（5）**叠瀑湍流**（图3-15）

四川省成都市大邑花水湾景点设计之一（利用来水和自然坡度形成景观）。

图3-15 成都市大邑花水湾景点"叠瀑湍流"设计方案

（6）望海亭（图3-16）

四川省成都市大邑花水湾景点设计方案之一。

望海亭景点

图3-16 成都市大邑花水湾景点"望海亭"设计方案

（7）德昌街头绿地景观（图3-17）

圆形歌舞广场加建筑山墙处设人工瀑布，2005年建成。

德昌街头绿地景观设计效果图

▲ 图3-17 "德昌街头绿地"设计方案

（8）枯山水木栈台景观（图3-18）

重庆地区某工程景点设计方案。

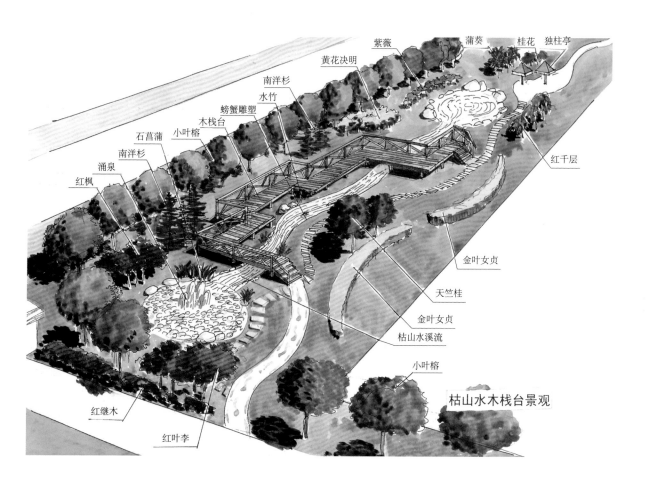

图3-18 "枯山水木栈台"设计方案

（9）嘉禾桥头绿地景观（图3-19）

遂宁渠河景观设计方案；由广场、古代木帆船、亲水平台构成。

图3-19 "嘉禾桥头绿地景观"设计方案

（10）"城市之源"设计（图3-20）

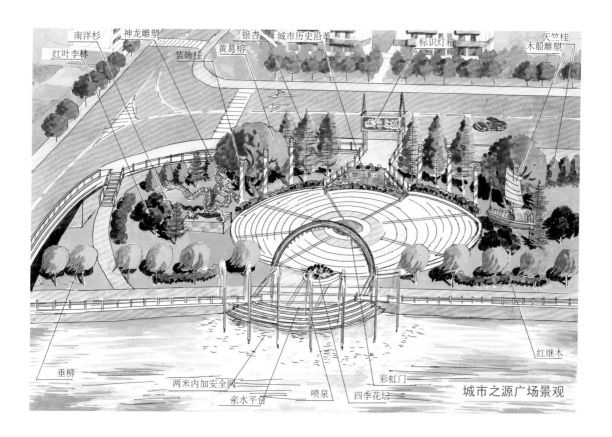

图3-20 "城市之源"广场景观设计方案

（11）"品茗闻涛"与"临海钓鱼"（图3-21）

（a）品茗闻涛［玉环景点设计方案（海边庭院茶社，山坡植有黑松林，"涛"可理解为松涛或海涛）］

品茗闻涛

⬆ 图3-21（a）　"品茗闻涛"设计方案

(b) 临海钓鱼（玉环景点设计方案）

临海钓鱼

⬆ 图3-21（b）　"临海钓鱼"设计方案

（12）"山亭瀑布"设计方案（图3-22）

重庆某工程景点设计方案（由人工水景、山亭、叠石假山构成）。

黄葛榕桩头

水竹

天竺桂

黄菖蒲

红继木

南天竹

蒲葵

飞来石　整形罗汉松

假槟榔

石楠

整形桃花

苏铁

景石

红枫

山亭瀑布景观

▲ 图3-22 "山亭瀑布"设计方案

3.3 建筑类

（1）成都龙泉某度假村设计方案（图3-23）

利用现有池塘水面和现有桃林。

御园度假村景观

▲ 图3-23 成都龙泉某度假村设计方案

（2）卧龙山公园竹影茶社设计方案（保留竹林和山水的方案,图3-24）

卧龙山公园竹影茶社

▲ 图3-24 "卧龙山公园竹影茶社"设计方案

（3）遂宁交通局办公楼设计方案一（图3-25）

▲ 图3-25 "遂宁交通局办公楼"设计方案一

（4）遂宁交通局办公楼设计方案二（图3-26）

⚡ 图3-26 "遂宁交通局办公楼"设计方案二

（5）遂宁交通局办公楼设计方案三（图3-27）

▲ 图3-27 "遂宁交通局办公楼"设计方案三

（6）高层住宅设计方案（图3-28）

▲ 图3-28 高层住宅设计方案

（7）遂宁中心汽车站设计方案二（图3-29）

▲ 图3-29 "遂宁中心汽车站"设计方案二

（8）西昌中心汽车站设计方案二（以月亮表示"月亮城"图3-30）

▲ 图3-30 "西昌中心汽车站"设计方案二

（9）工厂多层办工研究楼方案一（图3-31）

△ 图3-31 工厂多层办工研究楼方案一

（10）工厂多层办工研究楼方案二（图3-32）

▲ 图3-32 工厂多层办工研究楼方案二

（11）工厂多层单身宿舍方案（图3-33）

🔺 图3-33 工厂多层单身宿舍方案

（12）工厂小高层单身宿舍方案（图3-34）

▲ 图3-34 工厂小高层单身宿舍方案

（13）某研究所鸟瞰图（已建成，图3-35）

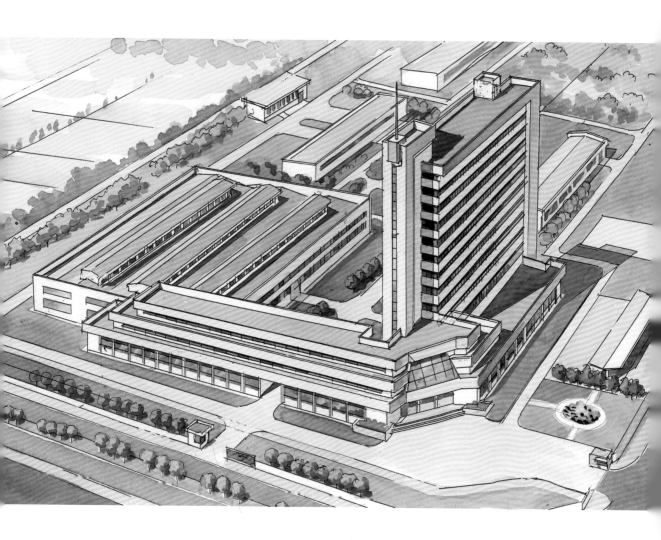

▲ 图3-35 某研究所鸟瞰图

（14）高层住宅群鸟瞰图（多组双灭点加第三灭点透视图，图3-36）

▲ 图3-36 高层住宅群鸟瞰图

（15）独院住宅建筑透视图（图3-37）

▲ 图3-37 独院住宅建筑透视图

（16）四川省遂宁市渠河路公共厕所设计方案（图3-38）

渠河路临时建筑B（公厕）

▲ 图3-38 "遂宁市渠河路公共厕所"设计方案

（17）别墅设计方案一（灰瓦顶，图3-39）

▲ 图3-39 别墅设计方案一

（18）别墅设计方案二（红瓦顶，图3-40）

▲ 图3-40 别墅设计方案二